世界 海洋百科丛书

红将 编写

海上噩梦

海洋出版社
2012年·北京

蔚蓝世界海洋百科丛书·编写组

主　编：阎　安

编　委：阎　安　屠　强　姚海科　向思源
　　　　柳　茵　吴　溪　肖　炜　郑　珂
　　　　高朝君　闫　琳　王　涛　张均龙
　　　　周伯文　李香红　将　李　婷
　　　　于向昀　于向昕　项　翔　海　童
　　　　关晓星

本册编写：红　将

项目策划：海洋出版社文社图书出版中心

丛书统筹：北京海洋蓝魔方文化传媒有限公司

责任编辑：王宏春

写在前面

海洋约占地球表面积的71%，对经济和社会发展具有重要作用。海洋是生命的摇篮，是地球上最早生物的诞生源地；海洋是风雨的故乡，对全球气候起着巨大的调控作用；海洋是交通的要道，为人类物质和精神文明交流作出了重大的贡献；海洋是资源的宝库，蕴藏着极为丰富的生物资源、矿产资源、化学资源、水资源和能源；海洋是国防前哨，海洋环境对海上军事活动有很大影响；海洋还是认识宇宙、发展自然科学理论的理想试验场。

随着世界人口激增、陆地资源短缺和生态环境恶化，人们越来越多地把目光移向海洋。海洋正以其富饶的资源、广袤的空间，给人类生存和发展带来新的希望，为全球经济和社会可持续发展奠定了坚实的基础。

我国是一个濒海大国，按照《联合国海洋法公约》的规定，我国拥有约300万平方千米的主张管辖海域，相当于陆地国土面积的三分之一。我国大陆海岸线长达1.8万千米，拥有大小岛屿6500多个，岛屿岸线1.4万多千米。

我国的海域处在中、低纬度地带，自然环境和资源条件比较优越，适合发展各种海洋产业和兴办各类海洋事业。海域内海洋生物物种繁多，渔场面积280多万平方千米，滩涂、港湾和20米水深以内的浅海面积260多万公顷，对发展海洋捕捞业和海水养殖业极为有利。我国海域内石油资源量约250亿吨；海洋可再生能源理论蕴藏量6.3亿千瓦；在国际海底区域还拥有7.5万平方千米多金属结核矿区。此外，我国具有深水岸线几百千米，深水港址数十处；适合发展海洋运输业。滨海地区拥有大量旅游景点，适合发展海洋旅游业。

21世纪是海洋世纪，实施海洋开发正是适应国际环境和国内发展要求的一项重大战略决策。要实施这一战略，就必须有效维护国家的海洋权益，树立国民海洋意识，这对整个国家的经济发展、社会稳定、国家安全具有重大意义。

希望这套为普及海洋知识，带领大家了解海洋、认识海洋的读物能真正帮助更多朋友插上知识的翅膀，与中国的海洋事业一起腾飞。

《蔚蓝世界海洋百科》编写组

目 次

海洋灾难篇（1）

气象灾难（2）

滔天巨浪肆虐大海　　灾害性海浪
狂风引动凶猛狂潮　　风暴潮
狂龙天降海水升空　　龙卷风
天海蒙蒙一片混沌　　浓雾
冰冷的浮动毁灭者　　冰山
吞噬海岸线的波涛　　海平面上升
保护生命的预言者　　天气预报
海上航行的守护神　　雷达与声呐

地质灾难（18）

海面下隐藏的杀机　　暗礁
海水下的地动山摇　　海底地震
海水中翻滚的熔岩　　海底火山
巨浪滔天毁灭一切　　海啸
被毁灭的旅游胜地　　印度洋海啸
恐怖的天灾与人祸　　日本大地震
海啸的预警与避难　　如何在海啸中逃生

环境灾难（32）

生活垃圾的倾倒处　　海水污染
腐败的暗红色海潮　　赤潮
海洋生物灭顶之灾　　溢油

WEILAN SHIJIE HAIYANG BAIKE CONGSHU

波斯湾的熊熊烈焰　科威特泄油事件
海面上的地球之血　墨西哥湾漏油事件
还一片洁净的大海　溢油的治理

海难惊魂（44）

凶残的海上劫掠者　海盗
被劫持的巨型油轮　"天狼星"号
战争之火吞噬大海　海上战争
灾难之日的虎虎虎　珍珠港事件
德国潜艇的牺牲品　"路西塔尼亚"号
船只不能承受之重　超载
严重超载的死亡船　海地沉船事件
既是天灾更是人祸　海难
风浪中的海上悲剧　"大舜"号
爆炸沉没的核潜艇　"库尔斯克"号
声声警钟为谁而鸣　如何应对海难

海洋灾难篇
HAIYANG ZAINAN PIAN

气象灾难 滔天巨浪肆虐大海

灾害性海浪
ZAIHAIXING HAILANG

在大海上，台风、飓风和风暴是最常见的威胁，狂风卷起巨浪，如同猛兽一般咆哮着扫过海面上的船只，猛烈地冲击海岸。这些由海洋中的强风引起的具有破坏力的波浪被称为灾害性海浪，其每平方米的破坏力可达30～40吨。

当然并不是所有的海浪都会对人类造成损害，只有波高在6米以上的海浪才能引起灾害。灾害性海浪定义为6米波高，是因为这个波高的海浪对海上施工和渔业作业的海上活动已构成威胁。

不同吨位的船舶抵御灾害性海浪的能力也不同，吨位小的帆船、机帆船，3米高的浪就足以使其受损。而对于万吨以上的海船来说，只有9米以上波高的海浪才会构成威胁。

灾害性海浪会引起船舶横摇、纵摇和垂直运动。横摇的最大危险在于船舶自由摇摆周期与波浪周期相近时，会出现共振现象，使船舶倾覆。剧烈的纵摇会使螺旋桨露出水面，使机器不能正常工作而引起船舶失控。

灾害性海浪

当海浪波长与船长相近时，船舶的自重可能导致万吨巨轮拦腰折断。船舶在波浪中的垂直运动会造成在浅水中航行的船舶触底碰礁。

据史书记载，公元 1281 年，元世祖忽必烈和范文虎率 10 多万军队、4400 多艘战船在攻占日本的一些岛屿时，台风突然袭来，狂风巨浪使 4400 艘战船几乎全部毁坏、沉没，10 多万军队葬身海底，活着回来的仅有 3 人。第二次世界大战中，英美海军在诺曼底登陆，由于一次不大的风暴潮而损失了 700 艘登陆艇。1952 年底，一艘美国船曾在意大利海岸附近被巨浪折成两半。

灾害性海浪是可以预测的。通过大量收集各观测站得来的资料，在天气图上分析出每天的海浪情况，再根据常规天气预报法，预报未来海上风场，有了未来海上风场条件，加上以往的海浪经验统计、综合经验、理论波谱预报方法和能量预报方法，等等，可计算出海浪波高。再根据各海区海洋状况和影响海浪产生、发展、消衰的各种因素和经验综合分析和订正，就可得出最佳的预报结果，从而提前进行预报，最大限度地降低灾害性海浪带来的危害。

灾害性海浪

狂风引动凶猛狂潮

风暴潮

FENGBAOCHAO

由于剧烈的大气扰动,如强风和气压骤变导致海水异常升降,使受其影响的海区的潮位大大地超过平常潮位的现象,称为风暴潮,又被称为"风暴增水"、"风暴海啸"、"气象海啸"或"风潮"。

根据风暴的性质,风暴潮通常分为由温带气旋引起的温带风暴潮和由台风引起的台风风暴潮两大类。

温带风暴潮多发生于春秋季节,夏季也时有发生。其特点是:增水过程比较平缓,增水高度低于台风风暴潮,主要发生在中纬度沿海地区,以欧洲北海沿岸、美国东海岸以及我国北方海区沿岸为多。

台风风暴潮,多见于夏秋季节。其特点是:来势猛、速度快、强度大、破坏力强。

凡是有台风影响的海洋国家、沿海地区均有台风风暴潮发生。

受风暴潮灾害影响的大小,除了风力外,还取决于当地天文潮高和地理位置、海岸形状、海底地形等因素。

风暴潮

风暴潮

风暴潮

一般说来，正面受到大风袭击、海岸形状成喇叭口形、海底地形平缓、人口密度大、经济发达的地区，受到风暴潮破坏的损伤就大。例如日本伊势湾顶的名古屋市，其地理位置很适合风暴潮的形成。

人类为抵抗风暴潮灾害，修建了很多防海堤、拦潮堤。早在我国唐代，在江苏沿海修建的"常丰堰"，就抵御了风暴潮对盐田和农田的损害。到了北宋年间，"常丰堰"已年久失修，在范仲淹的主持下，历时三年将其修复，更名为"捍海堰"，此后这条堤坝抵御住了无数次风暴潮的袭击，保证了沿海地区的农业丰收和人民安居乐业。后人为了纪念范仲淹，又叫此堤为"范公堤"。它北起阜宁，南到启东，全长300多千米。新中国建立后，人们又将其加固成混凝土堤坝，一直沿用至今。

风暴潮

 蔚蓝世界 海洋百科丛书·海上噩梦 6

狂龙天降海水升空

龙卷风
LONGJUANFENG

龙卷风

龙卷风是一种强烈的、小范围的空气涡旋，是在极不稳定天气下由两股空气强烈相向对流运动、相互摩擦形成的空气旋涡，这种旋涡造成中心气压很低，而吸起地面的物体，抛向天空。

龙卷风外貌奇特，它上部是一块乌黑或浓灰的积雨云，下部是下垂着的、形如大象鼻子的漏斗状云柱。

出现在海上的龙卷风可把海水吸离海面，形成水柱同云相接，如同巨龙从云中探身入海，因此常被称为"龙取水"或"水龙卷"。

龙卷风的风力极大，风速一般为每秒50～100米，在龙卷风中心附近，水平风速可以达到每秒100米以上，极端情况甚至可达300米。要知道，12级风的风速才相当于每秒30多米，根本无法与龙卷风相比。

龙卷风拥有惊人的破坏力。1956年9月24日,上海曾出现过一次龙卷风,它竟然把一个三四层楼高的110吨的储油罐举到15米的空中,然后又把它甩到100多米以外的地方。1925年美国曾出现过一次强大的龙卷风,造成2000多人伤亡。

水龙卷虽在定义上是龙卷风的一种,不过因为发生在空旷的水面上,其破坏性相对较小,但是仍然是相当危险的。水龙卷能吹翻小船,毁坏船只,由海面登陆时则会造成更大的破坏。在沿海城市,当水龙卷很可能产生或在海岸水域上已经看得见的时候,当地的气象局会向附近的船只发出特殊的海上警告,提醒它们躲避龙卷风的袭击。

龙卷风

天海蒙蒙一片混沌

浓 雾
NONGWU

在水气充足、微风及大气层稳定的情况下，如果接近地面的空气冷却至某种程度时，空气中的水气便会凝结成细微的水滴悬浮于空中，使地面水平的能见度下降，这种天气现象称为雾。雾和云都是由于温度下降而造成的，雾实际上也可以说是靠近地面的云。

雾形成的条件一是冷却；二是加湿；三是有凝结核，增加水汽含量。这是由辐射冷却形成的，多数出现在晴朗、微风、近地面水汽比较充沛且比较稳定，或有逆温存在的夜间和清晨，气象上叫辐射雾；另一种是暖而湿的空气做水平运动，经过寒冷的地面或水面，空气中的水蒸气逐渐受冷液化而形成的雾，气象上叫做平流雾；有时兼有两种原因形成的雾叫混合雾。

海雾

大雾会降低能见度，会对海洋航运造成严重的影响，而潮湿的雾气也会对船只及海岸设施造成影响，雾滴附着在输电线路绝缘设备表层，使输变电设备绝缘性能下降，导致高压线路短路和跳闸。

随着全球变暖进一步加剧，由于近海开放水面季节的延长，沿海地区局地小气候发生变化，将可能导致雾生成更为频繁。人类活动将会造成大气中悬浮颗粒物浓度增加，在有雾形成的自然气象条件下，水汽就会以空气中的悬浮颗粒物为凝结核，增强雾的浓度。

大雾灾害的预防，首要的是加强监测、预报和预警，气象部门通过准确的天气预报向海上船只及港口等海岸设施提供大雾的信息。

近年来，随着雷达、GPS等先进技术的使用，浓雾对海洋航行的影响正在逐渐降低，但仍然是海洋航行最严重的危险因素之一。

海雾

冰冷的浮动毁灭者

冰 山
BINGSHAN

冰山

冰山是一块大若山川的冰，脱离了冰川或冰架，在海洋里随着海流飘荡，直到融化。

冰山多为纯水结冰形成，冰的密度约为 0.917 千克/立方米，而海水的密度约为 1.025 千克/立方米，依照阿基米德定律我们可以知道，自由漂浮的冰山体积约有 90% 沉在海水表面下，因此看着冰山浮在水面上的形状并不可能猜出其水下的形状。在寒冷的极地海洋中，冰山的硬度非常大，而金属的强度则会在低温环境下降低，因此冰山为极地海洋运输中的极端危险因素。最著名的冰山遇险船是 1912 年的巨轮"泰坦尼克"号。

冰山通常多见于南极洲与格陵兰岛周围，大多在春夏两季内形成，那时较暖的天气使冰川或冰盖边缘发生分裂的速度加快。每年仅从格陵兰西部冰川产生的冰山就约有 1 万座之多。

冰山

　　北冰洋的冰山高可达数十米,长可达一二百米,形状多样。南极冰山一般呈平板状,同北冰洋冰山相比,不仅数量多,而且体积巨大。长度超过8千米的冰山并不少见。有些甚至高达数百米。目前已知世界最大的冰山是B15。2000年3月,它从南极罗斯冰架上崩裂下来,面积达到1.1万平方千米,比北京市的面积(1.68万平方千米)小不了多少。

　　冰山在高纬度地区能维持10年之久,但如果漂向广海则一二年内就会没有了踪迹。冰山运动的主要动力是风,其次是洋流。冰山在风速影响下,有的可达每日44千米的运动速度,这主要取决于冰山高出水面部分的形状。

　　冰山一向是轮船的克星,历史上有无数的船因撞上冰山导致船舱内积水过多最终沉没。目前使用雷达和声呐的方法可跟踪冰山,虽然现在的科学技术已经可以很大程度地避免船只与冰山的碰撞事件发生,但仍然无法完全避免。

冰山

吞噬海岸线的波涛

海平面上升
HAIPINGMIAN SHANGSHENG

由于全球气候变暖,两极的冰川逐渐开始融化,导致全球的海平面都在逐年上升。这并不是单纯的"自然现象",而是和现代人类的行为息息相关。

由于人们焚烧化石矿物以生成能量,或砍伐森林并将其焚烧时产生了二氧化碳等多种温室气体,而这些温室气体对来自太阳辐射的可见光具有高度的透过性,对地球反射出来的长波辐射具有高度的吸收性,能强烈吸收地面辐射中的红外线,也就是常说的"温室效应",从而导致全球气候变暖。

海平面上升是由全球气候变暖、极地冰川融化、上层海水变热膨胀等原因引起的全球性海平面上升现象。研究表明,近百年来全球海平面已上升了10～20厘米,并且未来还要加速上升。但世界某一地区的实际海平面变化,还受到当地陆地垂直运动——缓慢的地壳升降和局部地面沉降的影响,全球海平面上升加上当地陆地升降值之和,即为该地区相对海平面变化。因而,研究某一地区的海平面上升,只有研究其相对海平面上升才有意义。

融化冰川上的海豹

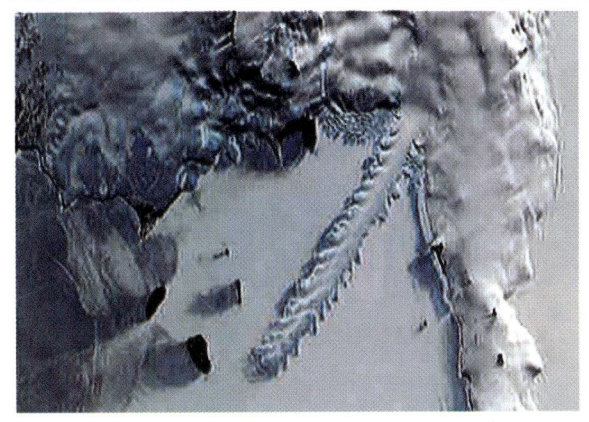

太空中拍摄的融化冰川

导致海平面上升的因素是很多的：大洋热膨胀、山地冰川、格陵兰陆冰和南极冰盖的融化等，世界大多数山地冰川在近百年内呈退缩趋势。例如，青藏高原尽管在冰川时期不一定像今天的南极大陆一样也有过统一的漫无边际的大冰盖，但有一点是肯定无疑的，那就是这里曾经大量存在的山地冰川在漫长的岁月里逐渐消融、消失。

融化的冰川

海平面上升对沿海地区社会经济、自然环境及生态系统等有着重大影响。首先，海平面的上升可淹没一些低洼的沿海陆地，加强了的海洋动力因素向海滩推进，侵蚀海岸，从而变"桑田"为"沧海"；其次，海平面的上升会使风暴潮强度加剧，频次增多，不仅危及沿海地区人民生命财产，而且还会使土地盐碱化，海水内侵，造成农业减产，破坏生态环境。

在中国，受海平面上升影响严重的地区主要是渤海湾地区、长江三角洲地区和珠江三角洲地区。

保护生命的预言者

天气预报

TIANQI YUBAO

天气预报图

人类的生活受到天气的影响。因此从史前开始，人类就试图预测一天或者一个节气之后天气会是怎样，公元前650年左右巴比伦人利用云的形状来预测天气。公元前340年左右亚里士多德在他的《天象论》中描写了不同的天气状态；中国人至少在公元前300年左右就有进行天气预报的记录。

古代天气预报主要是依靠一定的天气现象，比如人们观察到晚霞之后往往有好天气。这样的观察积累多了形成了天气谚语，不过有些谚语后来被证明是不完全正确的。

从17世纪起，科学家开始使用科学仪器来测量气象状态，并使用这些数据来作天气预报。但很长时间里人们只能使用当地的气象数据来作天气预报，因为当时人们无法快速地将数据传递到远处。1837年电报被发明后，人们才能够使用大面积的气象数据来作天气预报。

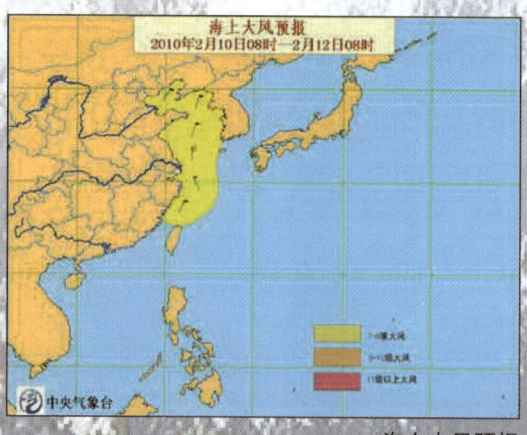

海上大风预报

1855年3月16日，勒佛里埃在法国科学院作报告说，假如组织气象站网，用电报迅速把观测资料集中到一个地方，分析绘制成天气图，就有可能推断出未来风暴的运行路径。勒佛里埃的独特设想，在法国乃至世界各地引起了强烈反响。人们深刻地认识到，准确预测天气，不仅有利于行军作战，而且对工农业生产和日常生活都有极大的好处。由于社会各界的需要，在勒佛里埃的积极推动下，1856年，法国成立了世界上第一个正规的天气预报服务系统。

天气预报设备

20世纪气象学发展迅速。人类对大气活动的了解也越来越明确。20世纪50年代以来，动力气象学原理、数学物理方法、统计学方法等，广泛应用于天气预报。用高速电子计算机求解简化了的大气流体力学和热力学方程组，可及时作出天气预报。尤其是20世纪60年代发射气象卫星以来，卫星的探测资料弥补了海洋、沙漠、极地和高原等地区气象资料不足的缺陷，使天气预报的水平显著提高。

气象浮标

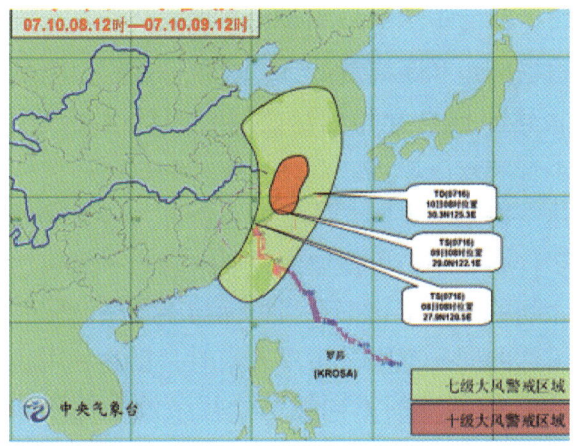
海上天气警报

天气预报的主要内容是一个地区或城市未来一段时期内的阴晴雨雪、最高最低气温、风向和风力及特殊的灾害性天气，根据气象观测资料，应用天气学、动力气象学、统计学的原理和方法，对某区域或某地点未来一定时段的天气状况作出定性或定量的预测。随着生产力的发展和科学技术的进步，人类活动范围空前扩大，对大自然的影响也越来越大，因而天气预报就成为现代社会不可缺少的重要信息。

海上航行的守护神

雷达与声呐
LEIDA YU SHENGNA

雷达所起的作用与眼睛和耳朵相似，其原理是雷达设备的发射机通过天线把电磁波能量射向空间某一方向，处在此方向上的物体反射碰到的电磁波；雷达天线接收此反射波，送至接收设备进行处理，提取有关该物体的某些信息，比如目标物体至雷达的距离，距离变化率或径向速度、方位、高度等。

测量距离实际是测量发射脉冲与回波脉冲之间的时间差，因电磁波以光速传播，据此就能换算出目标的精确距离。测量目标方位是利用天线的尖锐方位波束测量。测量仰角靠窄的仰角波束测量。根据仰角和距离就能计算出目标高度。测量速度是雷达根据自身和目标之间有相对运动产生的频率多普勒效应原理。雷达接收到的目标回波频率与雷达发射频率不同，两者的差值称为多普勒频率。从多普勒频率中可提取的主要信息之一是雷达与目标之间的距离变化率。当目标与干扰杂波同时存在于雷达的同一空间分辨单元内时，雷达利用它们之间多普勒频率的不同能从干扰杂波中检测和跟踪目标。

舰载雷达

舰载雷达

早期舰载雷达

声呐是英文缩写"SONAR"的音译,其中文全称为:声音导航与测距,是一种利用声波在水下的传播特性,通过电声转换和信息处理,完成水下探测和通讯任务的电子设备。它有主动式和被动式两种类型,属于声学定位的范畴。声呐是利用水中声波对水下目标进行探测、定位和通信的电子设备,是水声学中应用最广泛、最重要的一种装置。

声呐技术至今已有100多年历史,它是1906年由英国海军刘易斯·尼克森发明的。他发明的第一部声呐仪是一种被动式的聆听装置,主要用来侦测冰山。这种技术,到第一次世界大战时被应用到战场上,用来侦测潜藏在水底的潜水艇。

目前,声呐是各国海军进行水下监视使用的主要技术,用于对水下目标进行探测、分类、定位和跟踪;进行水下通信和导航,保障舰艇、反潜飞机和反潜直升机的战术机动和水中武器的使用。此外,声呐技术还广泛用于鱼雷制导、水雷引信,以及鱼群探测、海洋石油勘探、船舶导航、水下作业、水文测量和海底地质地貌的勘测等。

控制单元(可选笔记本电脑或PC)

多端口转发器

声呐头

声呐浮漂

电缆及牵引单元

安装在浮漂上的声呐

声呐系统

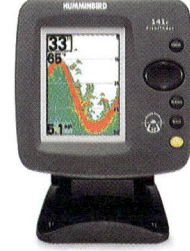

简易声呐系统

蔚蓝世界 海洋百科丛书·海上噩梦 18

地质灾难 海面下隐藏的杀机

暗　礁
ANJIAO

灯塔

在暗礁搁浅的船只

浮标

　　暗礁指的是海洋中隐在水面以下的岩石，是隐藏在海面之下的船只杀手。暗礁大都是孤立地分布在海岸带的下部，是海上航行时的禁区，常对海上航运造成危害和损失。

　　在海洋开拓初期，人类对大海完全是一片未知，这些隐藏在海面之下的礁石就成了航船最致命的威胁之一，无数海船触礁沉没，船上的水手大都葬身海底，有些侥幸逃生的水手会在酒馆里向其他人讲述关于这些礁石的恐怖故事，经过人们有意无意的渲染，这些礁石逐渐变成神话中的食人怪兽隐藏在大海中吞噬着往来的船只。比如著名的怪兽哥斯拉，以及塞壬女妖和美人鱼，它们的起源都和海中暗礁有关。

暗礁

随着人类对大海的了解，在付出了惨痛的代价之后，人们对暗礁的了解逐渐增多，绘制出了越来越精确的海图，并在暗礁附近设立了灯塔、浮标等警示性设施，再加上声呐系统的广泛采用，都使得暗礁对船只的破坏大大降低。

虽然对航船非常危险，但对于海洋生物来说，暗礁却是它们繁衍生息的天堂。这里有可以躲避天敌的巢穴，还有丰富的浮游生物作为食物，因此吸引了许多海洋生物在这里定居。出于增加渔业资源和其他目的，人们甚至会特意制造一些暗礁出来，比如将大块的岩石或水泥块堆积在海底，或者将报废的舰船沉入海底。这些人造暗礁除了能够为海洋生物提供栖息地，还可以起到阻挡海浪的作用。有生物学家表示，人造暗礁其实是一把双刃剑。在为海洋生物提供栖息地、提高海洋生产力和改善当地渔民生活的同时，人造暗礁也会带来一系列负面影响。它们会吸引本来生活在天然暗礁的鱼类，成为红鲷鱼等热销鱼类的"屠宰场"，使一些面临生存压力的种群遭到过度捕捞的情况更为严重。此外，一些人造暗礁还可能对船只航行安全构成威胁，还有可能会长年泄漏污染物毒化所在海域。

暗礁

灯塔

海水下的地动山摇

海底地震

HAIDI DIZHEN

地震是由于地下岩石突然断裂而发生急剧运动,从而产生地震波向周围传播,并在相当范围内引起大地震动的现象。地震在地球表面的分布极不均匀,大部分地震是构造地震,且主要发生在海洋地区。岩石圈板块沿边界的相对运动和相互作用是导致海底地震的主要原因。

当海底地震发生时,地震波会沿地壳传导至大陆上,引起大陆地震,并可能引发海啸,造成更大的破坏。

海底地震主要分布在活动大陆边缘和大洋中脊,分别相当于洋壳的俯冲破坏与扩张新生地带。两带的地震活动性质截然不同。

活动大陆边缘地震带位于板块俯冲边界,主体是环太平洋地震带,此外还包括印度洋爪哇海沟附近、大西洋波多黎各海沟及南桑威奇海沟附近的地震带。环太平洋地震带释放的地震能量约占全球总量的80%。震源深度通常自洋侧(海沟附近)向陆侧加深,构成一倾斜的震源带,称为贝尼奥夫带。

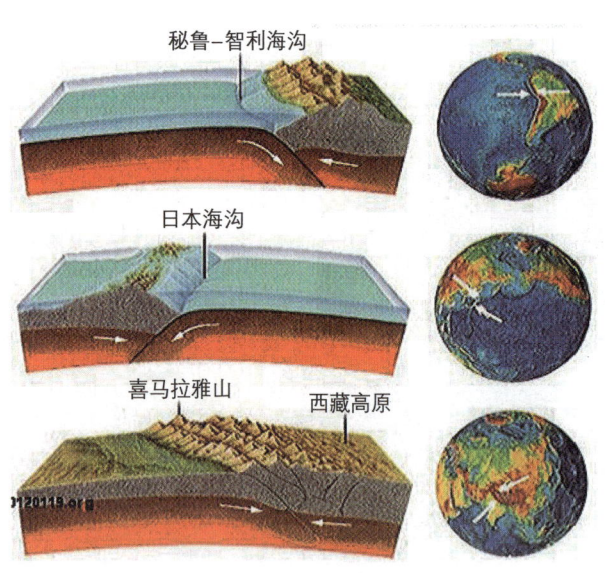

海底地震示意图

大洋中脊地震带为分离型板块边界，只有浅源地震，地震带狭窄、连续，宽度仅数十千米，释放的地震能量占全球总量的5%。

大洋中脊地震带纵贯大西洋、北冰洋、印度洋和太平洋，在各大洋之间首尾相连，并与环太平洋地震带、阿尔卑斯－喜马拉雅地震带相连接。作为板块边界的地震带相互交接，把岩石圈划分为若干内部地震活动较弱的巨大板块（板块构造说）。大洋中脊两侧的大洋盆地，位于板块内部，是全球地震活动最平静的区域。但在出现火山活动的局部地区，也有一些地震，如夏威夷群岛一带火山地震活动比较显著，这些火山地震是由导致火山喷发的地下岩浆的运动引起的。

通过长期的研究，人类已经掌握了一部分地震产生的规律，并对即将发生的地震做出预报，但由于条件所限，这些预报的精确性和及时性都还差得很远。

海底地震仪

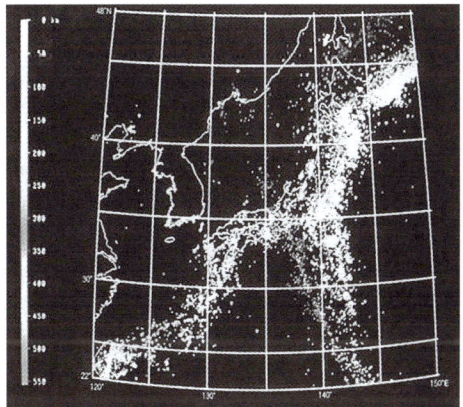

海底地震图

海底地震仪

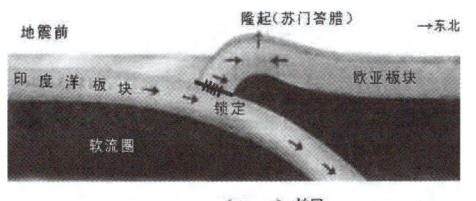

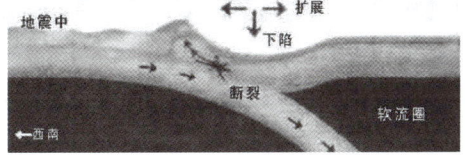

海底地震示意图

海水中翻滚的熔岩

海底火山

HAIDI HUOSHAN

海底火山,是大洋底部形成的火山。海底火山的分布相当广泛,绝大部分海底火山位于构造板块运动的附近区域,被称为中洋脊。多数海底火山位于深海,也有一些位于浅水区域,在喷发时会向空中喷出物质。海底火山喷发的溶岩表层在海底被海水急速冷却,有如挤牙膏状,但内部仍是高热状态。在海底火山附近的热气喷发口,具有丰富的生物活性。

火山岛

海底火山爆发

沿大洋边缘的板块俯冲边界,展布着弧状的火山链。它是岛弧的主要组成单元,与深海沟、地震带及重力异常带相伴生。岛弧火山链中,有些是水下活火山。

大洋中脊是玄武质新洋壳生长的地方,海底火山与火山岛顺中脊走向成串出现。据估计全球约80%的火山岩产自大洋中脊,中央裂谷内遍布在海水中迅速冷凝而成的枕状熔岩。

散布于深洋底的各种海山，包括平顶海山和孤立的大洋岛等，是属于大洋板块内部的火山。洋盆火山起初只是沿洋底裂隙溢出的熔岩流，而后逐渐上长加高，大部分海底火山在到达海面之前便不再活动，停止生长。其中高出洋底 1000 米以上者，称为海山；不足 1000 米者，称为海丘。少数火山可从深水中升至海面，这时波浪等剥蚀作用会不断抵消它的生长。一旦火山锥渐次加宽并升出于波浪作用线之上，便能形成火山岛，几个邻近的火山岛可连接成较大的岛屿。

海底火山示意图

美国的夏威夷岛就是海底火山的功劳。它拥有面积 1 万多平方千米，岛上有居民 10 万余众，气候湿润，森林茂密，土地肥沃，盛产甘蔗与咖啡，山清水秀，有良港与机场，是旅游的胜地。夏威夷岛上至今还留有 5 个盾状火山，其中冒纳罗亚火山海拔 4170 米，它的大喷火口直径达 5000 米，常有红色熔岩流出。1950 年曾经大规模地喷发过，是世界上著名的活火山。

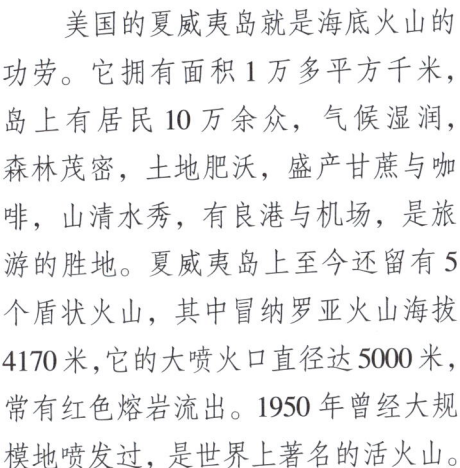

洋盆火山的活动一般不超过几百万年，出露海面的火山停止活动，将被剥蚀作用削为平顶。太平洋中有许多平顶的水下死火山，它们的顶部可能冠有珊瑚礁，但其主体都是火山锥。

海底火山爆发

巨浪滔天毁灭一切

海 啸
HAIXIAO

海啸是地球上强大自然力的终极表现，无法阻挡的毁灭者。当地震发生于海底，因震波的动力而引起海水剧烈的起伏，形成强大的波浪向前推进，将沿海的一切全都吞没，这就是海啸。

海啸通常由震源在海底下50千米以内、里氏地震规模6.5以上的海底地震引起。海啸波长比海洋的最大深度还要大，在海底附近传播也没受多大阻滞，不管海洋深度如何，海啸波都可以传播过去，海啸在海洋的传播速度大约每小时500～1000千米，而相邻两个浪头的距离也可能远达500～650千米，当海啸波进入陆棚后，由于深度变浅，波高突然增大，它的这种波浪运动所卷起的海涛，波高可达数十米，并形成"水墙"。

由地震引起的海啸波动与海面上的海浪不同，一般海浪只在一定深度的水层波动，而地震所引起的水体波动是从海面到海底整个水层的起伏。此外，海底火山爆发、土崩及人为的水底核爆炸也能造成海啸。

此外，陨石撞击也会造成海啸，"水墙"可达百尺。而且陨石造成的海啸在任何水域都有机会发生，不一定在地震带。不过陨石造成的海啸可能千年才会发生一次。

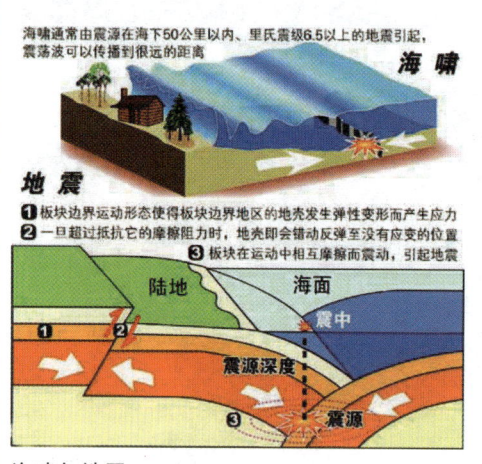

海啸与地震

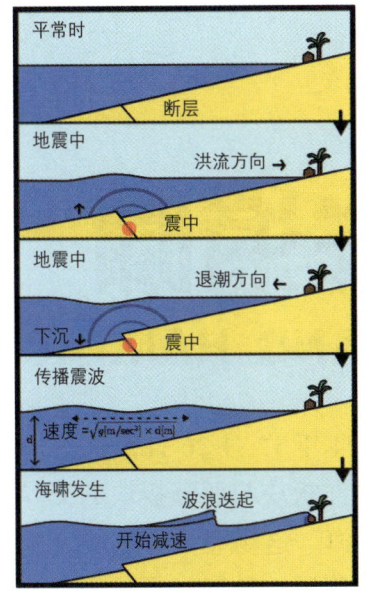

海啸示意图

海啸时掀起的狂涛骇浪，高度可达10多米至几十米不等，形成"水墙"。

另外，海啸波长很长，可以传播几千千米而能量损失很小。由于以上原因，如果海啸到达岸边，"水墙"就会冲上陆地，对人类生命和财产造成严重威胁。

在大地震之后如何迅速地、正确地判断该地震是否会引发海啸，这仍然是个悬而未决的科学问题。

尽管如此，根据目前的认识水平，仍可通过海啸预警为预防和减轻海啸灾害做出一定的贡献。

海啸过后的惨状

海啸

被毁灭的旅游胜地

印度洋海啸
YINDUYANG HAIXIAO

海啸前后的对比

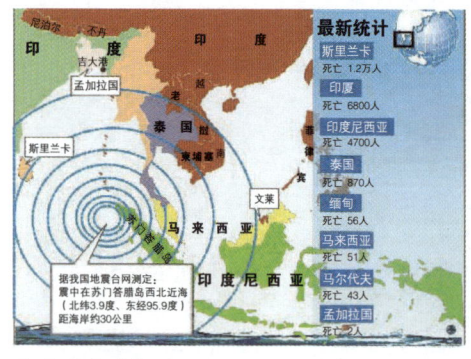

印度洋海啸报道

印度洋海啸发生在2004年12月26日，这次地震发生的范围主要位于印度洋板块与亚洲板块的交界处，消亡边界，地处安达曼海。这场突如其来的灾难给印度尼西亚、斯里兰卡、泰国、印度、马尔代夫等国造成了巨大的人员伤亡和财产损失。

到2005年1月10日为止的统计数据显示，印度洋大地震和海啸已经造成15.6万人死亡，这可能是世界近200多年来死伤最惨重的海啸灾难。

发生在印度尼西亚苏门答腊岛外海的8.9级地震引发了亚洲百年不遇的海啸，在斯里兰卡北部海岸的穆图尔，海啸的高度达7米，当时谁都没有预想到会发生这样严重的海啸。

海啸过后的惨景

泰国南部的普吉岛一直以美丽迷人的海滩、湛蓝宁静的海水以及风帆、滑水、快艇等水上娱乐项目吸引着来自世界各地的游客，素有"人间天堂"的美誉。然而这场百年不遇的剧烈海啸顷刻间把这个"天堂"变成了"地狱"。

在这场大海啸中，印度尼西亚受袭最为严重，据印尼卫生部称，共有238 945人死亡或失踪。已经确认死亡的人数达到111 171人，失踪人数则为127 774人。

泰国确认遇难者总人数约为5393人，其中超过1000人为外国人。

斯里兰卡是受袭仅次于印尼的国家，其遇难者总人数约为30 957人，失踪者人数约为5637人。

在印度，官方确认的死亡人数约10 749人，失踪人数约为5640人。缅甸共有61人在海啸中遇难，而联合国估计该国死亡人数约为90人。

马尔代夫至少有82人遇难。马来西亚警方称，该国共有68人遇难，大部分为槟榔屿居民。

孟加拉国则有2人死亡。

非洲东海岸也有人员在海啸中遇难，其中索马里死亡298人，坦桑尼亚死亡10人，肯尼亚死亡1人。

海啸的卫星图片

海啸过后的惨景

海啸时的景象

中国救援队

恐怖的天灾与人祸

日本大地震
RIBEN DA DIZHEN

海啸中的城市

2011年3月11日，日本宣布当地时间11日14时46分发生里氏8.9级地震，震中位于宫城县以东太平洋海域，震源深度约20千米。经过数次修正之后，该次地震的震级最终被修改为9.0级。此次地震引发的海啸影响了太平洋大部分地区。地震发生后，日本气象厅随即发布了海啸警报称地震将引发约6米高海啸，后修正为10米。根据后续研究表明海啸最高达到23米。

日本警察厅3月24日称，日本东北部海域11日的9级地震及引发的海啸，已造成2.6万多人确认死亡或失踪。其中10 066人确认遇难，17 452人被正式列入失踪人员名单，两者合计总数达到27 518人。此外，还有2766人在地震与海啸中受伤。

受11日大地震影响，日本福岛第一核电站发生放射性物质泄漏，随后1号机组发生氢气爆炸。日本政府把福岛第一核电站人员疏散范围由原来的方圆10千米上调至方圆20千米，把第二核电站附近疏散范围由3千米提升至10千米。

海啸前后的对比

国际原子能机构言,日本从两座核电站附近转移 17 万人。

3月12日,日本时事社援引东京电力公司的消息说,日本福岛县第一核电站 1 号机组 15 时 6 分爆炸后释放大量核辐射造成重大二次灾害。日本当局建议核电站附近居民应迅速撤离,不要在撤离过程中吃喝任何东西,尽量不要让皮肤暴露在外。到安全场地后要更换衣物。应该扩大疏散区域,如不能马上疏散,应提醒居民关闭门窗,关闭空调。

海啸

日本经济产业省原子能安全保安院 12 日宣布,福岛第一核电站 1 号机组周边检测出放射性物质铯和碘,铯和碘都是堆芯的燃料铀发生核分裂的产物,这表明反应堆堆芯燃料熔化进一步加剧。不过,1 号机组的反应堆容器内的蒸汽已被释放,容器内的气压已经开始下降。原子能安全保安院官员在当天的记者招待会上说:"可以认为堆芯的燃料正在熔化。"目前堆芯的具体温度还不明确,但设计能够耐 1200 度高温的燃料包壳已经熔解。这表明,自地震发生后核电站反应堆自动关闭约 1 天以来,放射性物质的扩散仍然持续,核电站事故已经达到了非常严重的状态。

海啸引起大火

日本海啸

海啸过后惨状

海啸的预警与避难

如何在海啸中逃生
RUHE ZAI HAIXIAO ZHONG TAOSHENG

海啸预警的物理基础在于地震波传播速度比海啸的传播速度快。

地震纵波即P波的传播速度约为6～7千米/秒，比海啸的传播速度要快20～30倍，所以在远处，地震波要比海啸早到达数十分钟乃至数小时，具体数值取决于震中距和地震波与海啸的传播速度。

海啸监测浮标

根据实测水深图、海底地形图及可能遭受海啸袭击的海岸地区的地形地貌特征等相关资料，模拟计算海啸到达海岸的时间及强度，运用诸如卫星、遥感、干涉卫星孔径雷达等空间技术监测海啸在海域中传播的进程、采用现代信息技术将海啸预警信息及时传送给可能遭受海啸袭击的沿海地区的居民，并在可能遭受海啸袭击的沿海地区，开展有关预防和减轻海啸灾害的科技知识的宣传、教育、普及以及应对海啸灾害的训练和演习。这样，就有希望在海啸袭击时，拯救成千上万人生命和避免大量的财产损失。

海啸监测仪器

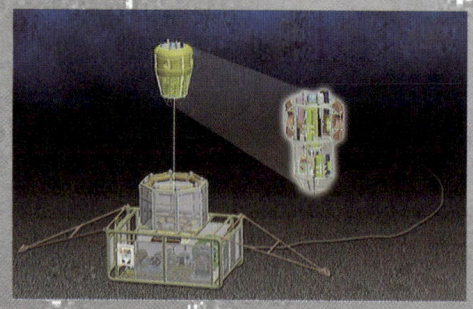

海啸的破坏

以上所述的海啸预警对于"远洋海啸"比较有效，但对于"近海海啸"的效果并不明显。因为近海海啸的海底地震离海岸很近，地震波传播速度与海啸传播速度的差别造成的时间差只有几分钟至几十分钟，海啸早期预警就比较难于奏效。为了在大地震之后能够迅速地、正确地判断该地震是否激发海啸，减少误判与虚报，以提高海啸预警的水平，必须加强对海啸物理的研究。

当海啸发生时，需要注意：

1. 如果在海啸时不幸落水，要尽量抓住木板等漂浮物，同时注意避免与其他硬物碰撞。

2. 在水中不要举手，也不要乱挣扎，尽量减少动作，能浮在水面随波漂流即可。这样既可以避免下沉，又能够减少体能的无谓消耗。

3. 尽可能向其他落水者靠拢，既便于相互帮助和鼓励，又因为目标扩大更容易被救援人员发现。

4. 人在海水中长时间浸泡，热量散失会造成体温下降。溺水者被救上岸后，最好能泡在温水里恢复体温，没有条件时也应尽量裹上被、毯、大衣等保温。给落水者适当喝一些糖水，可以补充体内的水分和能量。

5. 如果落水者受伤，应采取止血、包扎、固定等急救措施，重伤员则要及时送往医院救治。

环境灾难 生活垃圾的倾倒处

海水污染
HAISHUI WURAN

水污染引起的鱼类死亡

人类的活动使大量的工业、农业和生活废弃物排入水中,使水受到污染,被污染的水顺着江河,最终会流入大海,同时也将污染物带入了大海。

1984年颁布的《中华人民共和国水污染防治法》中为"水污染"下了明确的定义,即水体因某种物质的介入而导致其化学、物理、生物或者放射性等方面特征的改变,从而影响水的有效利用,危害人体健康或者破坏生态环境,造成水质恶化的现象称为水污染。

废水从不同角度有不同的分类方法。据不同来源分为生活废水和工业废水两大类;据污染物的化学类别又可分无机废水与有机废水;也有按工业部门或产生废水的生产工艺分类的,如焦化废水、冶金废水、制药废水、食品废水等。

污染物主要有:(1)未经处理而排放的工业废水;(2)未经处理而排放的生活污水;(3)大量使用化肥、农药、除草剂的农田污水;(4)堆放在河边的工业废弃物和生活垃圾;(5)森林砍伐,水土流失;(6)因过度开采,产生矿山污水。

污水、废渣、废油和化学物质源源不断地流入大海。

在许多海域，倾倒混有石油的污水是非法的，但这种事仍时有发生，而真正的灾难是在巨型油轮泄漏或沉没时发生的，这对附近海域的海洋生物将是一场灭顶之灾。

工业废水为水域的重要污染源，具有量大、面广、成分复杂、毒性大、不易净化、难处理等特点。

农业污染源包括牲畜粪便、农药、化肥等。农药污水中，一是有机质、植物营养物及病原微生物含量高，二是农药、化肥含量高。流失的氮、磷、钾营养元素使2/3的湖泊受到不同程度富营养化污染的危害，造成藻类以及其他生物异常繁殖，引起水体透明度和溶解氧的变化，从而致使水质恶化。

生活污染源主要是城市生活中使用的各种洗涤剂和污水、垃圾、粪便等，多为无毒的无机盐类，生活污水中含氮、磷、硫多，致病细菌多。

被油污染的海滩　水污染引起的鱼类死亡

污染严重的水域

污染严重的海水

污染严重的水域

腐败的暗红色海潮

赤 潮
CHICHAO

赤潮

赤潮是在特定的环境条件下,海水中某些浮游植物、原生动物或细菌爆发性增殖或高度聚集而引起水体变色的一种有害生态现象。

赤潮是一个历史沿用名,它并不一定都是红色。根据赤潮发生的原因、种类和数量的不同,水体会呈现不同的颜色,有红颜色或砖红颜色、绿色、黄色、棕色等,某些赤潮生物(如膝沟藻、裸甲藻、梨甲藻等)引发赤潮有时并不引起海水呈现任何特别的颜色。

海藻是一个庞大的家族,除了一些大型海藻外,很多都是非常微小的植物,有的是单细胞植物。根据引发赤潮的生物种类和数量的不同,海水有时也呈现黄、绿、褐色等不同颜色。

赤潮有许多危害,一是大量赤潮生物集聚于鱼类的鳃部,使鱼类因缺氧而窒息死亡;二是赤潮生物死亡后,藻体在分解过程中大量消耗水中的溶解氧,导致鱼类及其他海洋生物因缺氧死亡,同时还会释放出大量有害气体和毒素,严重污染海洋环境,使海洋的正常生态系统遭到严重的破坏;三是鱼类吞食大量有毒藻类,导致鱼类大量中毒死亡,或者毒素富集危害整个生态系统。

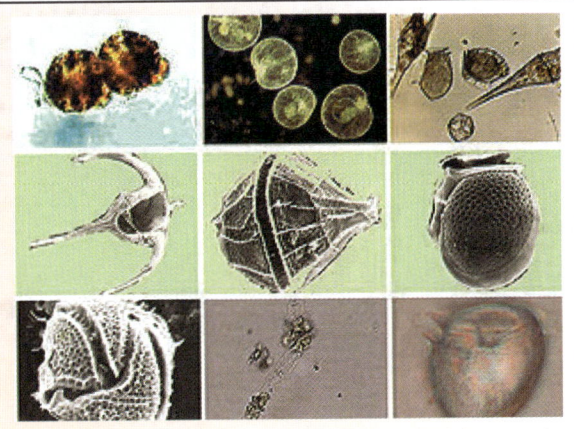
一部分赤潮生物

赤潮造成的养殖鱼类死亡
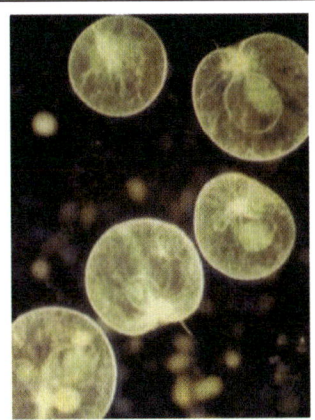
赤潮生物

赤潮发生后，除海水变色外，同时海水的 pH 值也会升高，黏稠度增加，非赤潮藻类的浮游生物会死亡、衰减；赤潮藻也因爆发性增殖、过度聚集而大量死亡。

国内外大量研究表明，海洋浮游藻是引发赤潮的主要生物，在全世界4000多种海洋浮游藻中有260多种能形成赤潮，其中有70多种能产生毒素。它们分泌的毒素有些可直接导致海洋生物大量死亡，有些甚至可以通过食物链传递，造成人类食物中毒。

产生赤潮的原因很复杂，但其中一个极其重要的因素是海洋污染。大量含有各种含氮有机物的废污水排入海水中，促使海水富营养化，这是赤潮藻类能够大量繁殖的重要物质基础。

赤潮

目前，世界上已有30多个国家和地区不同程度地受到过赤潮的危害，日本是受害最严重的国家之一。近十几年来，由于海洋污染日益加剧，我国赤潮灾害也有加重的趋势，由分散的少数海域，发展到成片海域，一些重要的养殖基地受害尤重。对赤潮的发生、危害予以研究和防治，涉及多种学科，是一项复杂的系统工程。

海洋生物灭顶之灾

溢 油
YI YOU

在石油勘探、开发、炼制及运储过程中，由于意外事故或操作失误，造成原油或油品从作业现场或储器里外泄，溢油流向地面、水面、海滩或海面，同时由于油质成分的不同，形成薄厚不等的一片油膜，这一现象称为溢油。

在油污中死去的海鸟

海上漏油事故频频发生，造成巨大的经济损失之余还会给生态带来毁灭性的灾难。有专家表示，石油，这种富含环芳烃化合物的能源，可在哺乳动物或鸟类等生物体内转化为毒性更强的物质，从而影响DNA。这种DNA的突变可以使动物的生育能力减退，甚至患上癌症。

海边油污

油污覆盖的海滩

有专家表示，油污可以陷进沉积物中，危害数十年甚至更长时间。

海面溢油事故有很多种，比较多见的是船舶事故、海上石油平台开采、海上输油管道的泄漏、陆源输油管线泄漏、油井井喷等。

石油在我国国民经济的能源结构中占有举足轻重的地位。我国作为世界产油大国，原油产量已连续14年位居世界第五，同时也是石油消费大国，年消费量达2亿吨，并以每年约4%的速度递增。

自1993以来，我国已成为石油的净进口国，2000年度进口石油8831万吨。进口石油主要来自亚太地区及中东地区，从这些国家进口的石油占我国的石油进口总量的80%。中东地区是我国最大的原油进口区域，每年的原油进口量占我国进口总量的50%。我国的进口石油，除从哈萨克斯坦进口的百万余吨是由铁路运输之外，其余全部通过海上运输。

我国从中东进口的原油大多是由国际船舶市场租赁的大型油轮承运的，而成品油和从亚太地区进口的原油，主要是亚太地区和我国的小型油轮承运的。这些油轮的特点是船龄长、技术标准低，相当一部分是被欧洲严格的港口国管理淘汰出欧洲航运市场的老旧船舶。因此，这些油轮在承运进口石油过程中，存在着巨大的潜在溢油风险。

浑身油污的海鸟

波斯湾的熊熊烈焰

科威特泄油事件
KEWEITE XIEYOU SHIJIAN

科威特是一个中东的沙漠国家,探明的石油蕴藏量为945亿桶,居世界第四位,分别占整个海湾地区和世界石油储量的14.5%和9%。

海湾战争之前,科威特石油日产量在200万桶左右,占中东石油700万桶日产量的26%,石油收入占国家财政收入的85%以上。

1991年1月17日,以美国为首的多国部队向入侵科威特的伊拉克发动了代号为"沙漠风暴"的军事行动,将伊拉克部队击溃。伊拉克总统萨达姆不甘心失败,把科威特境内的油田当作了最后的王牌。

25日,萨达姆下令将科威特海港输油站的所有阀门统统打开,让黑色的原油涌入波斯湾。涌入波斯湾的原油在沿科威特海岸和沙特东海岸就形成了一条长约16千米、宽约3千米的原油膜。

科威特油田大火

由于泄漏原油源源不断地涌入，这片浮油以每天24千米的速度向南扩展。一眼望去，在波斯湾的西北端，大片的原油漂浮在海面上，越积越厚，形成一片越来越大的黑潮。这片浮油层大约有700～1100万桶石油。

27日，多国部队包围了科威特首都科威特城，萨达姆命令将所有的科威特油井引爆。一股股黑色的油柱轰鸣着，喷出井口，射向天空，瞬间又变成为喷射状的烈焰火柱。在火焰柱上面，一股股黑烟逐渐汇聚在一起，形成了"油云"，随风飘荡。这些"油云"飘散到的最远地区是印度次大陆。

在科威特的1080口油井中，有950口遭到不同程度的破坏，其中600多口被点燃。还有300多口井下被炸坏，虽然没有遭遇火灾，但是，大量原油涌出，随地流淌，进而在沙漠上汇成一汪汪黏稠的油塘。

几天后，科威特及周边地区都发生了很大的变化，空气中弥漫着刺鼻而呛人的气味；几场黑雨过后，到处都变得油腻黏滑。正在飞翔的飞鸟会像被子弹击中一样，突然坠地而死；许多牛羊吃了被污染的草叶后，出现一系列中毒现象，在痛苦的抽搐中死亡。

海湾战争结束后，扑灭科威特油田火灾成为全世界关注的问题。由于科威特的油田大多是高压自喷井，所以，原油喷射时发出的噪音震耳欲聋，同时还伴随着灼人的热浪，灭火工作十分艰险。因此，灭火进度十分缓慢，耗时一年才扑灭了所有的油田大火。

海鸟

科威特油田大火

油污中的螃蟹

伊拉克入侵科威特

海面上的地球之血
墨西哥湾漏油事件
MOXIGEWAN LOUYOU SHIJIAN

2010年4月20日夜间，位于墨西哥湾的"深水地平线"钻井平台发生爆炸并引发大火，大约36小时后沉入墨西哥湾，11名工作人员死亡。

这一平台属于瑞士越洋钻探公司，由英国石油公司租赁。钻井平台底部油井自2010年4月24日起漏油不止。事发半个月后，各种补救措施仍未有明显突破，沉没的钻井平台每天漏油达到5000桶，海上浮油面积在2010年4月30日统计的9900平方千米基础上进一步扩张。

5月27号，专家调查显示，海底部油井漏油量从每天5000桶，上升到2.5万～3万桶，演变成美国历来最严重的油污大灾难。原油漂浮带长200千米、宽100千米，而且还在进一步扩散。

德国柏林工业大学石油地质学家威廉·多米尼克日前指出，美国过早开放深海石油开采以及英国石油公司忙赶工期是导致墨西哥湾原油泄漏的主要原因。

油污燃烧的浓烟

英国石油公司内部调查显示,墨西哥湾"深水地平线"钻井平台爆炸由一个甲烷气泡引发。另外,漏油最后一道防线"防喷阀"先前发生过失效的状况。工人在钻井底部设置并测试一处水泥封口,随后降低钻杆内水下部压力,试图再设一处水泥封口。这时,设置封口时引起的化学反应产生热量,促成一个甲烷气泡生成,导致这处封口遭破坏。

甲烷在海底通常处于晶体状态。深海钻井平台作业时经常碰到甲烷晶体。这个甲烷气泡从钻杆底部高压处上升到低压处,突破数处安全屏障。2010年4月20日事发时,钻井平台上的工人观察到钻杆突然喷气,随后气体和原油冒上来。气体涌向一处有易燃物的房间,在那里发生第一起爆炸。随后发生一系列爆炸,点燃了冒上来的原油。当时升起一片"气云",罩住"深水地平线"。钻台大型引擎随即爆炸,到处都是火焰。"深水地平线"沉没后大量漏油,威胁周边生态环境。这座钻井平台配备的"防喷阀"也成为调查重点。一个"防喷阀"大如一辆双层公交车,重290吨。作为防止漏油的最后一道屏障,"防喷阀"安装在井口处,在发生漏油后关闭油管。但"深水地平线"的"防喷阀"并未正常启动。

被油污覆盖的海滩

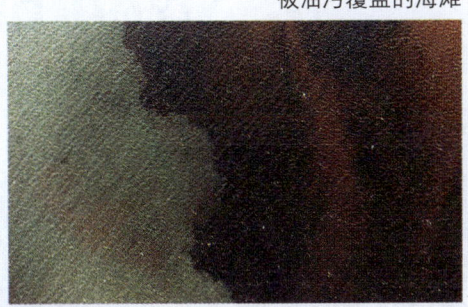

布满油污的海面

浑身裹满原油的海鸟

钻井平台大火

还一片洁净的大海

溢油的治理

YIYOU DE ZHILI

防油堤坝

当溢油发生时，首先应防止污染物继续泄漏，其次是采取围油栏等围控设备抑制其扩散，再次配合使用回收及清除设施，采取适当措施将泄漏的污染物回收。万一不能回收，则果断采取现场焚烧、沉降处理等措施消除污染物。

溢油处理的原则以物理回收为主，化学清除为辅，对于持久性的油类，应以控制为主；在可能的情况下，尽量采取回收方式。在墨西哥湾发生的漏油事故中，处理人员首先做的就是堵住海底原油泄漏的缺口，防止原油不断涌出，同时进行海上清污行动。

为了防止溢油扩散，应根据溢油的性质、溢油量、气象水文条件，以及对溢油现场海域和周围环境近期和长期的影响，综合考虑选择，目前常用的是采用围油栏或使用化学集油剂。

控制好污染源后，下一步就是消除溢油。进行溢油回收，可以使用人工、机械两种回收方法。毛发、羽毛类、大麦秸秆、麻袋等都可以用来吸附和收集海上漏油，每公斤头发可以吸收大约10升原油。墨西哥湾漏油事件发生后，美国民众纷纷捐头发，贡献自己的力量帮助清除油污。英国北海发生石油泄漏事件，当时就是用养鸡场的下脚料羽毛来收集漏油。

溢油事故发生后，如果是在平静海面，无大风浪的情况下，机械清除效果最好。但是遇到恶劣天气以及大雾时，就无法采用。化学分散可在恶劣的气象条件下使用，在开阔水域中被分散的油能迅速稀释掉，但是在水温低的条件下可能无效，也有可能对海洋生物带来影响，因此不鼓励在近海浅水域中使用。海上焚烧，对发生时间不久的溢油有效，耐火围油栏可使油膜足够厚以便燃烧，在平静海面效果好，但产生的空气污染影响岸边居民，且燃烧后会给海面带来残渣物。

在机械清除中，还有一种是使用溢油分散剂，可以加速油的自然消散过程，在海浪作用下更容易将油破碎为小油滴，加速溢油的自然生物降解。这主要适用于大面积的溢油事故，尤其是海上情况恶劣，使用围油栏、撇油器等物理回收不大可能时使用，同时也降低了急性毒性的风险，同时使火灾潜在发生的可能性降至最低，但在一定程度上也会造成新的二次污染，因此不建议用于生活饮用的淡水汲水口，不适宜在冷却的微咸水以及海水脱盐厂、鱼类产卵区、贝类栖息处、有珊瑚礁的水域或沼泽地区、海草丰富的海域使用。

喷洒石油分散剂的飞机

使用抽吸软管清理油污

围油栏

海上作业的清污船

清洗鸟类身上的油污

海难惊魂　凶残的海上劫掠者

海 盗
HAIDAO

海盗是指专门在海上抢劫其他船只的犯罪者。这是一门相当古老的犯罪行业，海盗行为的历史可以追溯到3000年前，自有船只航行以来，就有海盗的存在。特别是航海业发达的16世纪之后，只要是商业发达的沿海地带，就有海盗出没。

希腊的史学家布鲁达克在公元100年左右给海盗行为下了最早的明确定义。他形容海盗为那些非法攻击船只以及沿海城市的人。海盗行为最早记载于荷马的《伊利亚特》和《奥德赛》中，在之后的很多年里海盗行为这个词仍然没有统一的定义。公元9世纪到11世纪的挪威掠夺者不被称为海盗，人们叫他们"丹麦人"或者"维京人"，在中世纪英格兰这个词另外一个比较流行的意思是"海贼"。与现代词汇连接最紧密的海盗解释出现在18世纪，即为"歹徒"，这表示即使你不是军人也可以随时杀死他们。最早的国际法中也包括了关于针对海盗的法令，这是由于大部分海盗都在本土国家的国界之外活动。

游戏中的海盗船

随着新航路的开辟,航海贸易业热了起来。新大陆的发现,殖民地的扩张,令世界各地游曳着各种各样满载黄金和其他货物的船只,各国的利益竞争和对殖民地的野心提供了海盗活动最大的温床。随着私掠许可证的出现,海盗活动甚至开始"合法化"了。私掠许可证听起来有点强盗逻辑,例如:能通过合法或外交手段来获得对于他损失的补偿,反而能得到一封荷兰政府授权的私掠许可证,这样的许可证允许他可以俘获德国商船来祢补损失。

随着工业时代的来临,各国海军实力大大加强,海岸巡逻更严密,海盗们再也没有了往日的辉煌,从18世纪末到19世纪初的相当长一段时间里几乎销声匿迹。然而,海盗并未从此绝迹。1981年夏天,一艘"幽灵船"在巴哈马群岛附近被发现,它挂着满帆航行,不回答任何讯号,侧舷上布满弹洞,甲板上到处是血迹。经查,这艘叫"卡利亚"3号的帆船,两天前曾发出求救电报,说受到四艘无标志快艇的攻击。这一切显示着:海盗们死灰复燃了。同时,更快的船、更具威力的武器都使海盗们变成了更危险的暴徒。

由于海盗的特殊性、神秘性,海盗已经成为人们观念中带有传奇甚至魔幻色彩的元素。以海盗为主题的电影、电视剧、动漫、音乐、电脑游戏层出不穷。而这些作品中呈现的骷髅海盗旗、独眼海盗形象,更是成为受人追捧的时尚元素。

索马里海盗

海盗劫掠

被捕的索马里海盗

被劫持的巨型油轮

"天狼星"号

TIANLANGXING HAO

"天狼星"号

超级油轮"天狼星"号是目前全球最新和最大的油轮之一,其等级属于超大型油轮级,由国营的沙特阿拉伯阿美石油公司旗下的维拉国际海运公司负责经营,载重31.8万吨,船身长330米,是沙特船队的19艘超级油轮之一,体积相当于三艘航空母舰,它于2008年3月下水,被认为是世界第二大的原油运输船,最多可载200万桶原油,超过沙特石油日产量的1/4,连同船只本身总价值估计高达两亿多美元。

这艘属于沙特阿拉伯的大型油轮是于当地时间15日遭到海盗袭击并劫持的,这是这一海域在今年所发生的一系列劫持海轮事件中的最大的一起。美国海军第五舰队发言人内森·克里斯坦森说,由维拉国际航运公司承运的"天狼星"号油轮是在距肯尼亚港口蒙巴萨大约400多海里的海域遭到劫持的,遭劫时悬挂利比里亚旗。他当时还说,得手之后海盗正在把装有200万桶的该油轮拖往索马里的伊尔港方向。而这一港口一直被称为"海盗的天堂",目前有好几条最近劫持的船只被扣留在伊尔港,海盗们正等待船主们的赎金。

负责承运的跨国公司维拉国际发表声明说,船上25名船员目前平安,维拉已成立应急小组,正设法营救船员和索回"天狼星"号油轮。该公司在声明中称"所有船员健康状况良好,未受到任何伤害",但对于"天狼星"号上到底有多少原油,该公司并没有披露。

这一事件引发了国际社会的极大震惊,在劫持事件发生之后,美国国内原油交易价格应声而涨。英国媒体称,"天狼星"号遭劫事件非同寻常,因为它是一艘巨型油轮,而被劫地点又距非洲海岸如此遥远。

此外,还有北约舰队在繁忙海域的武装巡逻,在这些综合因素下,绝非一般海盗能够轻易得手,所以可见此次劫持油轮的索马里海盗装备之先进,策略之狡猾。

"天狼星"号

战争之火吞噬大海

海上战争
HAISHANG ZHANZHENG

航空母舰

在人类社会发展过程中，战争扮演着重要的角色，而海战则是战争重要的组成部分，对于这片蔚蓝海域的争夺，人类始终没有停止过。

最早的海战记录是古代埃及人用成捆的芦苇制作战船在地中海和尼罗河上的战斗，此种战船通常由一人负责撑船，另一人负责投石。

中世纪时期的战船通常是使用大型风帆战船，以弓箭作为武器在海上战斗，有时还会发动撞击战和接舷战。文艺复兴时期，火炮发明后很快就装备到了战船上，而战列舰这种典型的海战战船在这个时候应运而生。为了争夺海上霸权，西班牙和英国于1588年8月在英吉利海峡进行了一场举世瞩目、激烈壮观的大海战。这是文艺复兴时期最大规模的海战。

进入20世纪以后，当铁甲舰成功制造出之后，人类海战史发生重大改变，驱逐舰、潜艇、航空母舰的出现更是为海战增添了新的兵种。

第一次世界大战时期各大军事强国都淘汰了木制的风帆战船，改用最新式的铁甲战舰，同时还有可发射鱼雷的驱逐舰和潜艇，这些火力强大、装甲厚的战舰成为了一战时期海战的主要舰只。1916 年的日德兰海战成为了一战时期最大规模的海战。

第二次世界大战前、中期仍然使用战列舰、驱逐舰、潜艇等传统战舰作为海战武器。大西洋战场上德军的"狼群"战术潜艇战将大西洋海战的激烈发挥到极致。到了"二战"后期，航空母舰的出现改变了海战的战斗方式，特别是在太平洋战场，中途岛战役中美军仅仅依靠航空母舰的舰载机就击沉了日军的 4 艘航空母舰。

随着航空母舰在"二战"时期的优异表现，通过舰炮对攻的传统海战模式退出了历史舞台，转而主要使用航空母舰的舰载机，以及舰对舰导弹进行海战，因此战列舰这种专职舰炮攻击的海战舰船就此退役。

战列舰

20 世纪 50 年代以来，海军装备了导弹武器，舰艇采用了新型的常规动力和核动力，飞机采用了喷气动力和垂直／短距起落技术，出现了全球海洋卫星监视系统和远距离的探测设备，指挥、操纵和武器控制日益自动化。现代条件下的海战在战术上也发生了很大变化，战役和战斗的突然性和速决性空前增大。

随着导弹、核武器的发展，水面舰艇、潜艇、海军航空兵等装备的不断更新，防潜、防空兵力的加强，海战将会继续出现新的内容。

海战

灾难之日的虎虎虎

珍珠港事件

ZHENZHUGANG SHIJIAN

1941年12月7日清晨,日本海军的航空母舰舰载飞机和微型潜艇突然袭击美国海军太平洋舰队在夏威夷基地珍珠港以及美国陆军和海军在欧胡岛上的飞机场的事件,太平洋战争由此爆发。这次袭击最终将美国卷入第二次世界大战,它是继19世纪墨西哥战争后第一次另一个国家对美国领土的攻击。这个事件也被称为珍珠港事件或奇袭珍珠港。

太平洋上的珍珠港是重要的海空交通枢纽,跨越太平洋南来北往的飞机都以夏威夷为中继站。日本认为先在太平洋上夺取制空、制海权就意味着南下的道路畅通无阻,必须先摧毁珍珠港,于是日本策划了珍珠港突袭。

日本资料显示日本联合舰队司令山本五十六于1941年初开始考虑袭击珍珠港。数月后,在做了一些预先考察后,他被批准开始准备这个行动。

日本计划的一部分是在袭击前中止与美国的协商。到12月7日为止,日本驻华盛顿大使中的外交官一直在与美国外交部进行很广泛的讨论,包括美国对日本在1941年夏入侵东南亚的反应。

电影海报

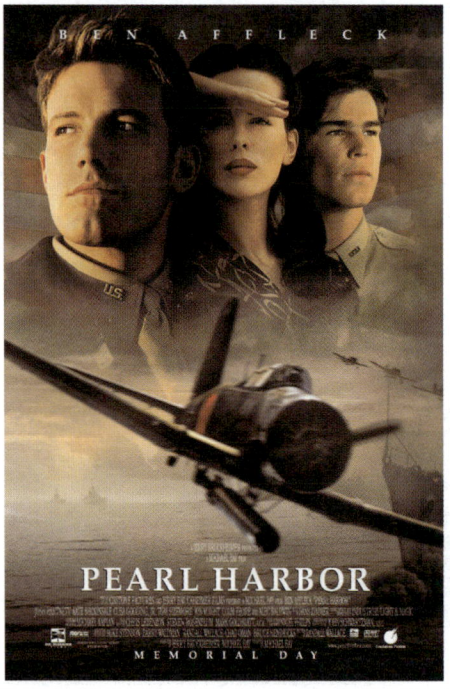

珍珠港

袭击前日本大使从日本外交部获得了一封很长的电报，但大使人员未能及时解码和打印这篇很长的国书，最后这篇宣战书在袭击后才递交给美国。这个延迟增加了美国对这次袭击的愤怒，它是罗斯福总统将这天称为"一个无耻的日子"的主要原因。实际上这篇国书在日本递交美国前就已经被美国解码了。乔治·卡特利特·马歇尔在读过这篇国书后立刻向夏威夷发送了一张紧急警告，但由于美军内部传送系统的混乱，这篇电报不得不通过民用电信局来传达。在路上它失去了它的"紧急"标志。直到袭击开始数小时后，这张电报才被送到美军司令部。

1941年12月7日凌晨，从6艘航空母舰上起飞的第一攻击波183架飞机，穿云破雾，扑向珍珠港。7时53分，发回"虎、虎、虎"的信号，表示奇袭成功。此后，第二攻击波的168架飞机再次发动攻击。仓促应战的美军损失惨重，8艘战列舰中，4艘被击沉，一艘搁浅，其余都受重创；6艘巡洋舰和3艘驱逐舰被击伤，188架飞机被击毁，数千官兵伤亡。日本只损失了29架飞机和55名飞行员。

德国潜艇的牺牲品
"路西塔尼亚"号
LUXITANIYA HAO

"路西塔尼亚"号残骸

在战争中除了军舰会被攻击，民用船只也无法幸免，许多满载乘客的运输船都成了敌方舰艇觊觎的目标。

1915年5月，英国客船"路西塔尼亚"号载着一船的平民乘客由纽约开往利物浦。在它航程的第6天，一艘德国潜水艇发现了它，并发射鱼雷偷袭。

鱼雷击中了船体，并在船上造成又一次的爆炸。英国宣称第二次爆炸是由煤尘造成的，而德国则认为是船上装载的弹药造成了爆炸。过了20分钟，船沉没在了爱尔兰的南部海域里，1198个男人、妇女和小孩失去了生命。在死亡的人数中，有128人是美国公民。发射鱼雷的德国潜艇U20绕着下沉的船只转了几圈，然后就逃离了现场，于5月13日回到了其位于威廉港的基地。

英国宣称"路西塔尼亚"号是一艘和军事无关的民用轮船，而德国则宣称"路西塔尼亚"号实际上是在给盟军运送军需品。

"路西塔尼亚"号被潜艇攻击沉没

由于沉没的"路西塔尼亚"号上有100多名美国人,美国民众要求对德国采取军事行动。美国总统威尔逊没有同意对战争的请求,而是坚持要求德国进行赔偿。尽管德国坚持认为船上装有军需品,但最后还是承担了这一罪责,从而推迟了美国加入第一次世界大战的时间。

后来,美国军方在第一次世界大战的征兵海报上写着"请记住'路西塔尼亚'号。"

事件发生的几年后,英方的文件显示,"路西塔尼亚"号当时确实载有给盟军的军需品。"路西塔尼亚"号当时运载了420万发雷明顿303步枪弹药筒、1250箱榴霰弹和18箱导火索。另外还有资料显示,在1914年战争爆发时,"路西塔尼亚"号就已经装配了舷侧炮,以备皇家海军使用。"路西塔尼亚"号的沉船遗址首次被发现是在1935年。1982年,"路西塔尼亚"号的一个四叶螺旋桨被打捞了上来,现在正在利物浦阿尔伯特港的默西赛德海洋博物馆的码头区展出。

"路西塔尼亚"号

船只不能承受之重

超载
CHAO ZAI

严重超载的渡船

船是水上交通运输工具，其核定装载量和核定载客人数是根据船只构造、质量、用途及航行区域的条件，按照船只建造规范的规定的最大吃水深度计算出来的。当船舶装载吃水超过了限制，或实际载客人数超过乘客定额限制，就是超载。

船只超载之后，其浮力满足不了航行条件变化的安全需要，也会使船只操纵性降低，在大风大浪或发生其他意外的时候很容易引起船只进水沉没甚至直接倾覆。据统计，翻船事故80%都是由船舶超载引起，这种情况造成的翻船，船员与乘客都难以逃脱，死亡率极高。

随着现代的法律法规健全及行政监督管理机制的不断完善，超载现象在一定程度上受到了遏制，但在经济利益的驱使下，超载现象在世界各地仍然相当普遍，造成了许多严重的人员伤亡事故。

早在唐朝，由唐宰相房玄龄等制定的《唐律》中有关海事管理法规和规章内容就有船舶限制超载规定。《故唐律疏议·杂律》载文："请应乘官船者，听载衣粮二百斤，违限私载，苦受寄及寄之者，五十斤及一人，各笞五十；一百斤及二人，各杖一百。（若家人随从者勿论）。每一百斤及二人，各加一等，罪止徒二年。"对于乘官船外出的人员，随身携带的衣粮物品至多200斤，超重违例，则根据情节轻重及超载数量，要受到笞、杖直至判徒刑二年的惩治。而"监船官司知乘船人私载，受寄者与寄之者同罪，若是空船不同此律。"此条律令特别是对政府官员和从军征讨的将士，尤为严厉，违犯者最高可判处3年徒刑，对民间也起到警戒的作用，限制了船舶超载，无疑对船舶水上航行安全大有益处。

正在沉没的超载沉船

严重超载的渡船

超载倾覆的渡船

严重超载的死亡船

海地沉船事件
HAIDI CHENCHUAN SHIJIAN

地图上的海地

鸟瞰太子港

海地是拉美最贫穷的国家之一，许多渡船都缺乏最基本的维护及安全措施，并且超载现象严重，因为超载而引发的海难频频发生。

在1992年年底，海地也曾经有一艘驶往佛多里达的渡船在暴风雨中遇难，船上400多人只有几十人生还。虽然超载问题已经被反映过多次，但一直没有被解决。

1993年2月17日凌晨，海地一艘名为"内普图诺"号的渡船在驶往首都太子港的路上遭遇暴风雨，在距离太子港350千米的热雷米附近沉没，全船只有285人获救生还。这艘船没有乘客名单，因而无法计算准确的死难人数，据估计，至少有1700多人在这次海难中葬身鱼腹。"内普图诺"号是一艘十分陈旧的木制渡船，全长只有45米。这艘渡船每次航行都严重超载，乘客主要是前往太子港的商贩和农民，大都携带着许多货物，船舱和甲板上的人甚至无法挪动。

在暴风雨中,"内普图诺"号开始严重晃动,海水涌上了甲板,乘客们惊慌失措地拥挤、推搡着,他们的行动加剧了船身的晃动,最终导致船只完全倾覆。

由于海难发生在凌晨,而且缺乏与海岸上的联系方式,"内普图诺"号沉没之后很久都没有得到救援,直到当天下午有幸存者游到岸边并报了警,这件惨案才被人们得知,此时再组织营救活动已经为时已晚。

海难发生之后,海地全国都被笼罩在惊慌和悲哀中,人们赶往现场寻找亲人的下落,悲痛地在海滩的遗体中寻找熟悉的面孔。然而如果不能改变混乱的海运状况,就无法避免下一次悲剧的发生。

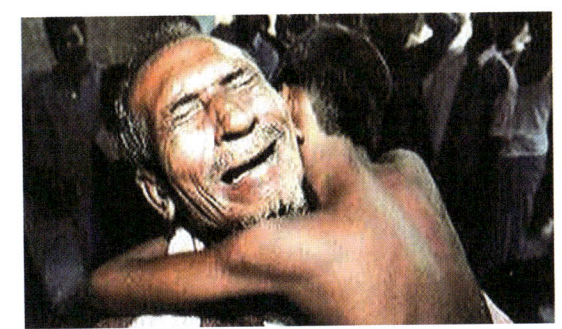

悲痛欲绝的亲人

寻找亲人的遗体

搜寻幸存者

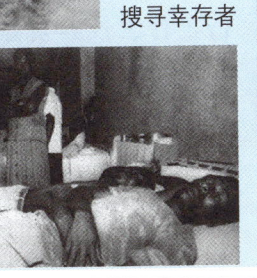

幸存者在医院接受治疗

搬运遇难者

既是天灾更是人祸

海 难
HAINAN

航海自古就是一项冒险事业，经常面临船货沉没、船员遇难的悲剧，现代虽然航海科技发达了，航海风险大大降低，但海难还时常发生。大海是变幻莫测、喜怒无常的，即使是在科学技术极度发达的今天，海难仍然是难以避免的。除了造成严重的人员伤亡之外，海难还会造成环境污染、财产损失等灾难性后果。

在所有的海难中，人为因素都是最重要的原因。

大多数遭遇触礁、冰山、爆炸、倾覆等海难的航船都存在公司经营运作不良、不适当的时机出海、不适当的船况出海、货船装载不当或驾驶途中操作不当等原因。如果所有人都能够采取认真负责的态度进行工作，这些灾难很可能就减少会发生。

为了避免海难的发生，首先要做的就是加强管理，最大限度地降低发生人为意外的可能。

海难

海难事故发生时,也有一套应急营救方案和事后处置方案;同时,对付海难还要加强国际合作,最佳的方法就是利用法律的力量,将管理纳入法治轨道。1989年国际海事组织在伦敦召开的一次外交大会通过了新的救助公约《1989年国际救助公约》。

我国于1992年通过并颁布了《中华人民共和国海商法》,其中第九章为"海难救助",其他章节中也有涉及海难救助的规定,这些均构成了我国《海商法》中海难救助的法律规定。

海难

《海商法》还对"救助款项"、救助合同、救助方的义务、被救助方的义务,以及救助的原则、担保、姐妹船救助、国家救助等方面都作了规定。配合其他法规及海事管理的行政规章、条例,我国已经基本建立起了较为完整的海难调整法律机制,对轮船的经营与运营者、负有管理责任的政府部门、政府管理人员、轮船操作者、装卸规制、海事赔偿等各个方面都有了一套严格的管理制度。特别是海事赔偿,虽然生命无价,但公平的赔偿仍能为死难者的家属带来一丝安慰,同时也是对责任者的惩罚。

轮船倾覆

风浪中的海上悲剧
"大舜"号
DASHUN HAO

1999年11月24日,山东烟大轮船轮渡有限公司的"大舜"号滚装船,由烟台地方港出发前往大连,当时船上共载客304人,还装载了61辆汽车。由于途中遇到风浪,"大舜"号于15时30分返航。返航过程中,由于调整航向时船舶横风横浪行驶,引起船体大角度横摇,导致船载车辆系固不良,产生移位、碰撞,致使甲板起火,于23时38分翻沉。

"大舜"号出事海域示意图

营救船只

潜水员准备下水

打捞沉船

这次事故造成290人死亡,直接经济损失约9000万元人民币。船上共有旅客船员312人,最后生还者仅为22人。

"11·24"特大海难事故是一起在恶劣的海况和气象条件下,由于决策失误、操纵不当,烟大公司及其上级主管单位在安全生产管理上存在着严重问题而导致的重大责任事故,虽有风大浪恶的天灾作祟,但各种违规操作、管理漏洞等人祸可谓是造成海难的决定性因素。

海难事故发生后,国家各有关部门、山东省委、省政府和烟台市委、市政府、当地驻军全力以赴组织救助。解放军官兵和打捞、医护等有关方面人员及当地群众6000多人克服恶劣的气候条件,投入紧张的救援工作。

事故教训十分沉痛,凸现出海上的救援机制亟待完善。渤海湾水域搜救能力存在不少缺陷,如客滚船与渔船、军船之间的通信不畅,救助手段落后,救助及时性差,救助船舶的航速较低,救助设施可靠性难以保证等。而救助指挥协调的时效性以及海上专业救助能力更有待进一步提高。

另外,必须建立起严格的问责制。这起事故的教训极为深刻,不仅是对航运部门和单位的一个严重警示,也是对全国其他部门和单位的严重警示。

对于重大事故的责任人,必须严肃处理,依法追究其法律责任,对任何人不得姑息宽容。

搜寻幸存者

甲板上装载的汽车

爆炸沉没的核潜艇

"库尔斯克"号
KUERSIKE HAO

2000年,当时世界最大的战役核潜艇之一,同时也是俄海军最先进的巡航导弹核潜艇之一——被誉为"航母终结者"的"库尔斯克"号,8月13日不幸沉没在150米深的巴伦支海海底,艇上118人全部遇难。

造价10亿美元的"库尔斯克"号核潜艇是俄罗斯最先进的防御武器。它有两座核反应堆,潜艇长150米,有6层楼高,体积达到了大型喷气式客机的两倍以上。"库尔斯克"号拥有独特的双壳艇身和9个防水隔舱,即使被鱼雷直接击中也不会沉没。

2000年8月12日,灾难前5分30秒。"库尔斯克"号准备向"彼得大帝"号发射一枚练习鱼雷。指挥官操作潜艇时,潜艇前端鱼雷中的过氧化氢正在渗入发射管中,聚成一滩。鱼雷操作人员打开发射管,清理电路连接。

"库尔斯克"号

"库尔斯克"号残骸

　　灾难前135秒，过氧化氢液体和一小块铁锈接触，体积瞬间增加5000倍。巨大的压力炸碎了鱼雷外壳，并导致煤油箱破裂。高热蒸汽引燃煤油，释放出的氧气助长了煤油的火势，鱼雷舱成了一片火海，舱内人员当场死亡。冲击波从通风管进入指挥中心，海水从发射管涌入后，"库尔斯克号"开始缓慢下沉。当时，21枚鱼雷就像被放在了烤炉上，500公斤煤油猛烈燃烧。当内部温度达到400摄氏度时，弹头就会自动爆炸。上午11点30分15秒，灾难发生了。在五分之一秒内，共有7枚鱼雷爆炸。超音速冲击波炸碎了"库尔斯克"号的密封舱壁，并朝着核反应堆冲去。反应堆的减震器吸收了爆炸的力量，舱壁也阻挡了冲击波。这时在潜艇前端，耐压艇体的负荷已经超过极限，5厘米厚的钢管爆裂，水从70米长的破洞涌入潜艇。这时距离第一次爆炸仅仅几分钟。

　　118名官兵大多数都是当场死亡的。但潜艇后部的23人在爆炸后仍然挣扎了8个小时。

　　这场灾难过后，海军拆除了俄罗斯潜艇上的所有过氧化氢鱼雷。官方报告指出，这次事故中没有人为失误。

"库尔斯克"号

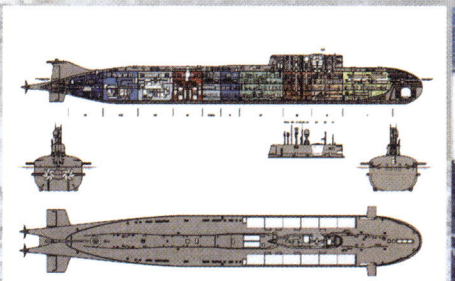

声声警钟为谁而鸣

如何应对海难
RUHE YINGDUI HAINAN

在茫茫大海上,一旦船舶遇难,首先必须保持情绪镇定,不能恐惧和慌乱,要听从船长和工作人员指挥。

在撤离舱室之前,应尽可能多穿衣服,戴上手套、围巾,穿好鞋袜,然后再穿救生衣。即使没有救生衣,也不能脱掉衣服。不管是炎热的夏季,还是寒冷的冬季,身体都要避免与海水直接接触。如果时间允许,还应带些淡水、食物、大衣或毛毯。

弃船跳水时,应选择船身较高、没有破洞的一侧,以避开水中漂浮物,尽可能头上脚下垂直跳入水中。注意保护口鼻,防止呛水。

跳入水中后,如果一时找不到救生艇或其他可以攀附的东西,要采用双腿并拢屈曲到胸前、两肘紧贴身旁,两臂交叉放在救生衣前面,使头颈部露出水面,尽可能不游动以便节省体力,同时设法发出声响或显示视觉信号,如吹响救生衣上的哨笛,以便被救援人员发现。

千万不要喝海水,无论觉得多么口渴也不能喝,因为越喝海水越会导致人体脱水,人越渴。

充气式围巾救生衣

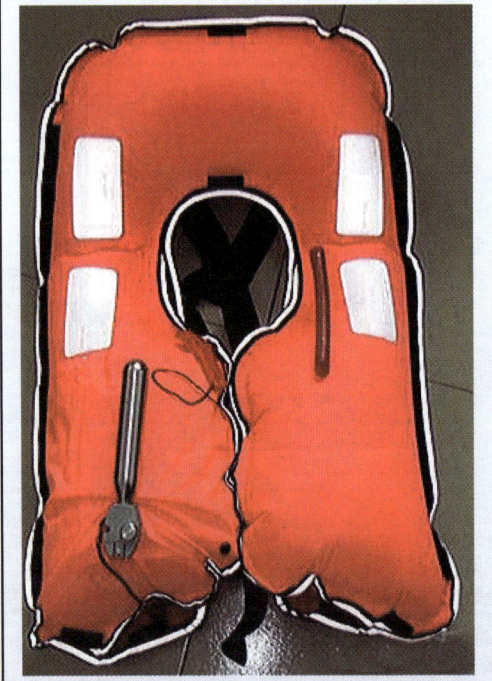

另外，在水中漂浮千万不能入睡，咬紧牙关、坚定信心、振作精神，坚持时间越长，获救机会越多。

当灾难降临时，首先不要惊慌失措，要稳定情绪，因为任何一个人的惊慌都会感染其他的人，人在惊慌的时候往往不能客观地分析问题和解决问题，当发生不幸时，一定要记住自己的行为会影响别人，所以要尽量将希望和勇气传递出去。

如果有条件的话，可以将人们组织起来，唱唱歌，说上几句温馨的话，彼此互相鼓励，缓解一下紧张的神经，暂时忘却眼前的痛苦和恐惧，等待救援。人在任何时候都没有放弃努力的借口，即使是在面临灾难时也不例外。所以，在任何时候，都不要灰心丧气，时刻保持积极向上的态度、克服困难的勇气，才能最终战胜灾难，获得救助生存下来。

救生圈

救生衣

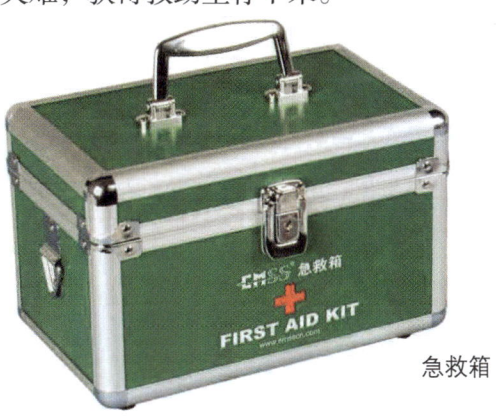

急救箱

救生艇

图书在版编目（CIP）数据

海上噩梦 / 红将编写. — 北京：海洋出版社，
2012.1
（蔚蓝世界海洋百科丛书）
ISBN 978-7-5027-8137-8

Ⅰ. ①海… Ⅱ. ①红… Ⅲ. ①海洋—灾害—青年读物
②海洋—灾害—少年读物 Ⅳ. ① X4-49

中国版本图书馆 CIP 数据核字 (2011) 第 221047 号

责任编辑：王宏春
责任印制：刘志恒

海洋出版社 出版发行
www.oceanpress.com.cn
北京市海淀区大慧寺路8号（100081）
北京画中画印刷有限公司印刷
新华书店发行所经销
2012年1月第1版　2012年1月北京第1次印刷
开本：889mm×1194mm　1/24
字数：65千字
印张：3
定价：12.00元
发行部：010-62132549　邮购部：010-68038093　图书中心：010-62100038

海洋版图书印、装错误可随时调换